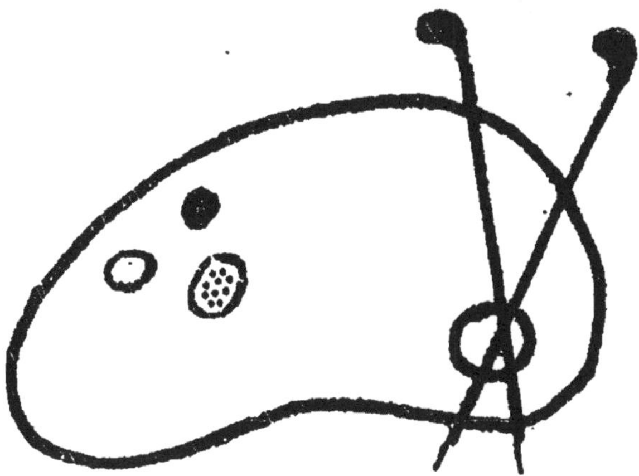

Couvertures supérieure et inférieure
en couleur

LA VIE

ET

LES TRAVAUX

DE

M. HENRY-AUGUSTE VARROY

INGÉNIEUR EN CHEF DES PONTS ET CHAUSSÉES
SÉNATEUR
ANCIEN MINISTRE DES TRAVAUX PUBLICS

PAR

ALFRED PICARD
Ingénieur en chef des Ponts et Chaussées
Conseiller d'État

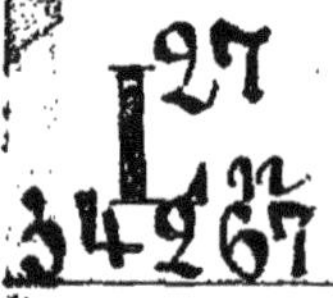

LA VIE
ET
LES TRAVAUX

DE

M. HENRY-AUGUSTE VARROY

INGÉNIEUR EN CHEF DES PONTS ET CHAUSSÉES
SÉNATEUR
ANCIEN MINISTRE DES TRAVAUX PUBLICS

PAR

ALFRED PICARD

Ingénieur en chef des Ponts et Chaussées
Conseiller d'État

LA VIE ET LES TRAVAUX

DE

M. HENRY-AUGUSTE VARROY

M. Henry-Auguste VARROY, Ingénieur en chef des ponts et chaussées, sénateur, ancien Ministre des travaux publics, est décédé le 23 mars 1883 dans sa propriété de la Camerelle, près d'Épinal.

La France a perdu en lui un de ses plus ardents patriotes, le Parlement l'un de ses membres les plus éminents, et le corps des ponts et chaussées l'un de ses ingénieurs les plus distingués par la science, les mérites et le talent.

Ayant eu l'honneur d'être son ami et son collaborateur intime pendant ses dernières années, je viens lui rendre un suprême hommage et retracer en quelques mots, simples comme sa vie, les travaux et les services de l'homme de bien, du grand citoyen, dont la carrière a été si prématurément interrompue.

M. Varroy est né à Vittel (Vosges) le 25 mars 1826. Il était fils d'un notaire, devenu depuis juge de paix.

Il commença en octobre 1835 ses études classiques régulières, au collège d'Épinal. Ses camarades d'enfance ont pieusement gardé le souvenir du jeune écolier à la figure intelligente et ouverte, aux yeux éveillés et rieurs, qui arrivait ainsi parmi eux et qui sut conquérir du premier coup leur affection et leur estime.

Voici le portrait qu'en faisait le 26 mars 1883 M. Conus, inspecteur honoraire d'Académie à Épinal.

« . . . . . Varroy est resté pour moi le type
« de l'écolier accompli; qualités de l'esprit et du
» cœur, talents d'agrément, force et adresse dans
« les exercices du corps, il réunissait tout et son

« mérite n'avait d'égal que sa modestie. . . . .
« . . . .

« Du côté de l'intelligence, il était merveilleuse-
« ment doué; esprit vif et délié, il avait la con-
« ception prompte, la mémoire sûre, la langue
« alerte, et apprendre n'était pour lui qu'un jeu.
« Aussi fit-il de brillantes et solides études et
« réussit-il aussi bien en lettres qu'en sciences.
« Avec son extrême facilité de travail, il avait vite
« fait ses devoirs et le temps de l'étude qui lui
« restait, il le consacrait à des lectures sérieuses
« et de longue haleine : Montesquieu, Rollin,
« Michelet, les deux Thierry, Thiers, tels étaient
« ses auteurs de prédilection.

« Ce petit garçon au cœur chaud, à l'âme
« élevée et ouverte aux grandes et belles choses,
« avait de vives et naïves admirations pour les
« héros de Plutarque et les Romains de Corneille,
« dont il citait avec passion les plus beaux vers.

« Ce qui le caractérisait particulièrement,
« c'était un heureux mélange d'enjouement et de
« sérieux. A l'esprit et à l'espièglerie de son âge,
« il joignait une grande maturité de raison et pou-
« vait traiter de hautes questions comme un

« homme fait. Il avait aussi un profond sentiment « de la justice et du droit et, dès le collège, il « rêvait aux moyens de relever et d'améliorer le « sort des travailleurs et des déshérités. L'enfant « révélait déjà l'homme.

« Aussi bon garçon que bon écolier, d'une « gaieté pétillante et communicative, l'âme de « nos jeux, il était très aimé de ses camarades et « jamais personne ne fut jaloux de ses succès si « bien mérités. On était fier de ce sujet d'élite, « qui faisait l'honneur du collège d'Épinal. »

Durant les premières années de son séjour à Épinal, Varroy habitait la ferme de la Camerelle, d'où il partait le matin, c'est-à-dire avant l'aube en hiver, pour y rentrer le soir. Il y était élevé sous les yeux de son oncle, le commandant Deblaye, qu'une blessure reçue à Waterloo avait privé de l'usage d'une main et qui mourut du choléra à Paris en 1849, membre de l'Assemblée constituante.

Les exemples et les enseignements de cet homme de la vieille roche exercèrent sur lui une influence profonde et durable et lui inculquèrent ces principes d'honneur, de droiture, de désintéressement, de libéralisme et de patriotisme dont il a fait profession toute sa vie.

Il ne quitta le collège d'Épinal que pour aller suivre, à l'institution Sainte-Barbe, les cours de mathémathiques spéciales.

Reçu à l'École polytechnique en 1844, il ne tarda pas y occuper le premier rang, avec lequel il en sortit en 1846, à l'âge de vingt ans.

Il embrassa la carrière des ponts et chaussées, vers laquelle le portaient ses goûts et ses tendances.

Sorti le premier en 1849 de l'École d'application, après deux missions, l'une dans la Gironde, au service de la navigation de la Garonne, et l'autre dans la Meurthe, aux services du canal de la Marne au Rhin et du chemin de fer de Paris à Strasbourg, il fut attaché au secrétariat général des ponts et chaussées. Cette situation si enviée, presque toujours réservée au *major* de l'École, devait couronner son instruction professionnelle, l'initier en même temps à la vie pratique et administrative, le préparer au maniement des grandes affaires et à l'étude des questions techniques et économiques de l'ordre le plus élevé. Il aimait à rappeler cette heureuse période de sa jeunesse et à redire combien il avait été frappé du calme, de la sérénité, de l'indépendance et de la hauteur de vues des membres du Conseil dans leurs délibérations.

Nommé au grade d'ingénieur ordinaire de troisième classe, par décret du 29 octobre 1849, il fut chargé, à partir du 1er mai 1850, à la résidence de Mulhouse, d'un arrondissement du Rhin et du canal du Rhône au Rhin ; un mois après, par suite d'un remaniement de service, il fut envoyé à Colmar et attaché exclusivement aux travaux du Rhin.

La méthode, l'intelligence, la fermeté et l'habileté dont il donnait des preuves incessantes lui valurent, le 1er décembre 1852, sa promotion à la seconde classe.

Le 1er janvier 1854, il fut appelé au poste plus important de Strasbourg et chargé des travaux du Rhin, ainsi que de la navigation de l'Ill et du canal de l'Ill au Rhin : il s'y distingua particulièrement dans l'exécution de quais et de ponts sur la rivière d'Ill, à la traversée de Strasbourg.

Malgré l'importance de ce service, M. Varroy

n'y trouvait point encore un aliment suffisant pour son activité. Une décision ministérielle du 1er août 1857 lui confia en outre le contrôle de l'exploitation d'une partie du réseau des chemins de fer de l'Est, sous les ordres de M. Couche, ingénieur en chef des mines. Cet ingénieur éminent apprécia immédiatement la valeur exceptionnelle de son collaborateur ; dès 1857, il le signalait comme appelé à se mettre rapidement hors de pair et faisait de lui le plus brillant éloge, en vantant son esprit juste, ferme et conciliant, la netteté et la précision de son intelligence, son activité physique, son ardeur au travail, sa modestie exemplaire, l'étendue de ses connaissances professionnelles et scientifiques.

Vers cette époque, les pouvoirs publics, désireux de développer rapidement les voies ferrées dans les régions industrielles et de compenser ainsi, par un abaissement du prix de transport des combustibles et des matières premières, les effets des récents traités de commerce, décidèrent l'exécution de plusieurs lignes et notamment de celle de Lunéville à Saint-Dié. L'État devait entreprendre directement la construction de cette ligne, en attendant qu'elle pût faire l'objet d'une concession. M. Varroy, qui avait montré une compétence remarquable en matière de chemins de fer, était naturellement désigné au choix de l'administration pour diriger les travaux ; le Ministre des travaux publics l'envoya à cet effet à Lunéville, le 1er novembre 1860, tout en le maintenant au contrôle de l'exploitation du réseau de l'Est. Ce changement d'attributions et de résidence était tout à la fois un témoignage de confiance et une satisfaction donnée au désir de M. Varroy, qui se rapprochait ainsi de Nancy, où il avait épousé, le 3 mai 1854, une jeune fille d'une grâce et d'une intelligence remarquables, mademoiselle Grandgeorge (1).

Un succès complet vint couronner ses efforts, dans les nouvelles fonctions qui lui avaient été assignées : il traça avec une sagacité extrême le chemin de Lunéville à Saint-Dié ; il résolut de la manière la plus heureuse les problèmes difficiles que soulevait une traversée de la Meurthe ; il sut vaincre les accidents d'un terrain tourmenté, en conservant de faibles inclinaisons, des courbes

(1) Madame Varroy avait une sœur qu'a épousée M. Blavier, aujourd'hui inspecteur général des télégraphes.

bien développées et des mouvements de terre modérés. Son chef, M. Lefort, appela tout spécialement l'attention de l'administration supérieure sur l'ardeur, l'intelligence, la maturité qu'attestaient de pareils résultats.

Les travaux étant à peu près terminés et la ligne étant sur le point d'être remise à la Compagnie de l'Est qui s'en était rendue concessionnaire, la résidence de M. Varroy fut transférée à Nancy, par décision du 9 juin 1863; il fut d'ailleurs maintenu dans ses fonctions d'ingénieur du contrôle. Deux récompenses successives, la décoration de la Légion d'honneur et la promotion à la première classe de son grade, lui furent accordées les 13 août 1864 et 1er septembre 1865, pour les excellents services qu'il avait rendus.

C'est ici que se place la partie culminante de sa carrière d'ingénieur.

L'inauguration des chemins de fer départementaux du Bas-Rhin avait eu lieu en 1864, avec un certain retentissement; cette œuvre, dont le succès était dû à l'initiative d'un habile administrateur, M. le préfet Migneret, et d'un ingénieur en chef des ponts et chaussées doué d'un remarquable talent et d'une grande expérience, M. Coumes, avait mis en lumière le rôle que les départements et les communes pouvaient être appelés à remplir désormais dans l'exécution des lignes secondaires. Peu de temps après, les principes d'une législation nouvelle étaient posés par la loi du 12 juillet 1865 sur les chemins de fer d'intérêt local et commentés par la circulaire du 12 avril suivant du Ministre des travaux publics; l'attention des conseils généraux était vivement appelée sur une question qui touchait si directement aux intérêts agricoles et industriels du pays.

Le conseil général de la Meurthe ne pouvait manquer d'aborder cette question dans sa session de 1865.

M. Varroy, qui en comprenait toute l'importance et toute la gravité, prépara et publia, en collaboration avec MM. Marx et Jundt, une notice dans laquelle étaient exposés les voies et moyens employés pour l'exécution des chemins de fer vicinaux d'Alsace, et qui indiquait avec précision les prix de revient de ces chemins.

En 1866, il publia une nouvelle note dans laquelle il traçait le plan d'un réseau de chemins d'intérêt local, conçu avec des idées d'ensemble, étudié surtout au point de vue des intérêts départementaux et proportionné aux ressources de la région.

Dans cette brochure, tout empreinte d'une profonde érudition et d'une extrême sagesse, il se livrait aux calculs les plus intéressants sur le trafic des nouvelles lignes, en voyageurs et en marchandises. Il combattait l'adoption de la voie étroite, que certaines personnes préconisaient comme une panacée infaillible pour réaliser des économies sur les dépenses de construction et d'exploitation; il considérait la réduction de la largeur, normale comme une mesure aussi funeste que celle qui eût consisté à augmenter cette largeur, sur les lignes à grande circulation, et à rompre ainsi l'admirable unité de notre réseau. Il rappelait que la puissance des machines et le poids du matériel roulant n'étaient pas des fonctions proportionnelles à l'écartement des roues; que l'on avait su, pour les grands trafics, accroître la force du moteur et la charge des trains, d'une manière pour ainsi dire indéfinie, tout en maintenant la voie de 1 mètre 50; qu'il serait de même facile de mettre le matériel et les machines en rapport avec le trafic réduit et la faible vitesse des trains d'embranchement. Il ramenait à sa juste valeur l'avantage attribué à la voie étroite, de se prêter à l'emploi d'un matériel plus souple, à des courbes plus prononcées, à des tracés épousant mieux la forme du terrain, à des réductions notables dans les frais d'établissement de la plateforme, à une diminution sérieuse du poids des rails. Il établissait que la rigidité du train était commandée, non point par les wagons, mais bien par les machines, et qu'il suffirait de recourir à des locomotives spéciales, moins pesantes et présentant des essieux plus rapprochés, et d'imiter, à cet égard, ce qui avait été fait à l'origine des chemins de fer. Il montrait qu'il serait possible de s'arrêter également à un type spécial de voitures, pour les voyageurs qui étaient toujours astreints à un transbordement à la gare de bifurcation. Il mettait en relief l'utilité de se réserver le moyen de faire circuler sur le réseau départemental le matériel à marchandises du réseau principal, afin d'éviter les transbordements et les pertes de temps et de diminuer l'importance des réserves de matériel, ainsi que les dépenses correspondantes d'acquisition et d'entretien. Il concluait dans les termes suivants :

« Si des réductions sont possibles dans les dé-
« penses de premier établissement, on en obtien-
« dra d'égales au moins avec le grand écartement :
« 1° par la diminution du poids des machines et
« par la diminution corrélative du poids des rails
« et de la solidité de la voie; 2° par la possibilité
« de réduire, dans une notable mesure, l'acquisi-
« tion d'un matériel spécial, en empruntant le
« matériel des grandes lignes.

« Si des réductions sont possibles dans les dé-
« penses annuelles d'exploitation, les frais et les
« inconvénients du transbordement annihile-
« raient, et au delà, les légères économies de
« traction que l'on peut attendre, avec la voie
« étroite, d'un poids mort moindre et d'une plus
« grande facilité de parcours dans les courbes.
« Ces réductions de dépenses, il faut les chercher
« dans la division des moteurs, dont la puissance
« sera diminuée proportionnellement au peu
« d'importance du trafic et dont l'utilisation sera
« complète; il faut les chercher dans la réduc-
« tion du personnel des stations et des trains, et

« dans le ralentissement des convois qui mar-
« cheront avec une vitesse de 15 à 20 kilomètres à
« l'heure; il faut les chercher enfin dans les fa-
« cilités qu'offre la loi du 12 juillet 1865, soit
« en ce qui concerne le gardiennage de la voie
« qui sera simplifié, soit en ce qui concerne les
« conditions d'exploitation qu'il appartient au
« conseil général du département d'arrêter et
« qu'il devra s'appliquer à rendre moins rigou-
« reuses et moins onéreuses aux Compagnies ex-
« ploitantes que les prescriptions des cahiers des
« charges des grandes lignes. »

Toutefois, comme son esprit était éminemment pratique et se refusait aux solutions absolues, il déclarait ne soutenir cette thèse que pour des régions comparables au département de Meurthe-et-Moselle et admettre une détermination différente sur les points où la configuration du sol et des circonstances spéciales justifieraient une dérogation au principe. Il proposait un premier classement embrassant quatre chemins de 100 kilomètres environ de longueur totale, ceux de Nancy à Château-Salins et à Vic, de Sarrebourg à Fénétrange, d'Avricourt à Blamont et à Cirey, et de Nancy à Vézelise, qui étaient appelés à desservir les régions où la densité de la population et l'activité de la circulation sur les voies de terre dénotaient les besoins les plus considérables. Il évaluait à 86 000 fr. par kilomètre les dépenses de construction de ce premier réseau, matériel roulant compris. Les communes devaient pourvoir à une part variable des acquisitions de terrains suivant leurs ressources et la longueur du tracé sur leur territoire, faire les frais des bâtiments des haltes et stations, fournir des subventions extraordinaires proportionnées à leur intérêt; on devait provoquer le concours des industriels et propriétaires intéressés; le service vicinal aurait à opérer les déviations et les modifications des chemins vicinaux, et à exécuter les chemins latéraux et d'accès, en y appliquant les ressources créées par la loi du 21 mai 1836; les voies et moyens seraient complétés par des subventions du département et de l'État, suffisantes pour déterminer une Compagnie à se former et à prendre la concession. Le département assurerait l'exécution de l'infrastructure, par analogie avec la marche suivie pour les grandes lignes en conformité de la loi du 11 juin 1842, ou tout au moins procéderait aux achats de terrains, de concert avec les communes, afin d'éviter l'exagération dans les prix d'expropriation. Suivant M. Varroy, la construction de ces 100 premiers kilomètres devait être la tâche d'une période de quinze années ; pendant ce temps, l'agriculture, améliorant le sol et perfectionnant ses méthodes, activerait sa production ; la richesse industrielle prendrait un essor dont on pouvait à peine mesurer la rapidité, eu égard à l'impulsion imprimée à l'exploitation des sels et des minerais par l'ouverture du canal des houillères de la Sarre. Les capitaux deviendraient plus abondants et l'on serait naturellement amené au développement du réseau.

Au moment même où était élaboré ce programme, les communes et les particuliers demandaient des études suivant les directions indiquées par M. Varroy. Ces études furent faites, sous les ordres de M. Guibal, ingénieur en chef, par MM. Dilschneider et Bizalion, pour le chemin de Nancy à Château-Salins et à Vic et ses prolongements, et par M. Varroy, pour les autres.

Dans sa session ordinaire de 1866, le conseil général prit en considération les quatre lignes précitées. Toutefois, pénétré du sentiment de la responsabilité que faisait peser sur lui l'extension des pouvoirs et des attributions des assemblées départementales, animé de cette prudence, de cette résistance aux arguments irréfléchis et de cette ténacité, qui sont le propre du caractère lorrain, il provoqua, avant de prendre une décision définitive, la constitution d'une commission composée de conseillers généraux et de notables industriels, pour procéder à un examen approfondi de la question.

Cette commission, renforcée par des sous-commissions locales, devint bientôt un centre d'action, dont l'influence raisonnée amena le pays à consentir des sacrifices énormes qu'il aurait refusés, s'il n'avait pas été pleinement convaincu de l'utilité de l'œuvre et de la possibilité de la réaliser.

En même temps, un arrêté du 16 octobre 1866, pris conformément au vœu du conseil, organisa un service spécial des chemins de fer d'intérêt local et en chargea M. Varroy, sous la direction de M. l'ingénieur en chef Guibal.

Les travaux de la commission, les manifestations unanimes des déposants aux enquêtes, l'intervention chaleureuse et persuasive de M. Varroy déterminèrent le conseil général à adopter définitivement le classement des quatre chemins pendant sa session ordinaire de 1867, à voter un contingent de 2 450 000 fr. sur les finances départementales et à conférer au préfet les pouvoirs nécessaires pour provoquer la déclaration d'utilité publique et la concession à des compagnies.

Malgré les déceptions éprouvées du côté de la Compagnie de l'Est, qui non seulement refusait tout appui effectif à la construction et à l'exploitation des lignes départementales de la Meurthe, mais exprimait même des doutes sur le succès de l'entreprise, les capitalistes ne restèrent pas sourds à l'appel de l'administration locale. Le terrain avait été, en effet, profondément remué par les enquêtes et par les discussions auxquelles avaient donné lieu les avant-projets ; le travail de persuasion des commissions avait fait surgir de nombreuses sympathies; les esprits, stimulés par les votes communaux, étaient préparés à l'idée de faire concourir les capitaux du pays à la formation de sociétés concessionnaires.

Le chemin de Sarrebourg à Fénétrange fut concédé à une société belge, avec son prolongement jusqu'à Sarreguemines, sur le territoire du Bas-Rhin et de la Moselle ; celui d'Avricourt à Blamont et à Cirey le fut à une société locale, dont l'âme était le conseil d'administration de la manufacture de glaces de Cirey ; le chemin de Nancy à Vézelise et ses principaux embranchements industriels le furent également à une compagnie locale constituée dans le pays même, grâce aux efforts persévérants de MM. Tourtel frères, propriétaires à Tautonville d'une brasserie rivale, en importance et en notoriété, des grandes brasseries allemandes ; enfin le chemin de Nancy à Château-Salins et à Vic le fut à la société belge, déjà concessionnaire de la ligne de Sarrebourg à Sarreguemines, avec une souscription régionale de 2 000 obligations émises à 300 fr.

Les cahiers des charges, qui servaient de base à ces concessions, étaient conçus dans un esprit de libéralisme et d'économie, auquel n'étaient cependant pas sacrifiées les qualités techniques essentielles des tracés et de la construction.

Les traités furent ratifiés par le conseil général et les décrets déclaratifs d'utilité publique intervinrent en 1868.

Ainsi se terminait heureusement la longue série des formalités préliminaires ; la marche vers le but définitif avait été progressive et sûre ; les voies et moyens avaient été réalisés sans recours aux procédés financiers plus ou moins aventureux, dont le scandale se produisait alors sur d'autres points du territoire. Le pays avait fait preuve d'une vitalité presque sans exemple ; il ne s'était laissé décourager, ni par les appréciations dédaigneuses qui taxaient les départements d'impuissance, ni par les événements politiques qui avaient presque amené la guerre aux portes de Nancy en 1867. Après deux années d'efforts continus, il apportait à l'exécution d'un réseau éminemment rationnel, de 112 kilomètres, le concours de ses deniers pour un chiffre de 51 500 fr. par kilomètre, soit de près de 6 millions au total, sous forme de subventions départementales, communales et particulières, ou de souscriptions au capital social des compagnies et aux émissions d'obligations. Il y avait là une expérience instructive, qui prouvait l'élasticité des ressources locales, quand on faisait un appel persévérant à l'initiative des intéressés, et qui mettait en lumière les effets salutaires d'une décentralisation franche, sainement appliquée et aidée, mais non étouffée, par la tutelle de l'État.

L'exécution de cette grande œuvre, qui était définitivement évaluée à 11 millions et demi ou à 102,000 fr. par kilomètre, matériel compris, fut entreprise et poussée avec vigueur.

Les travaux de la ligne d'Avricourt à Cirey, dirigés par M. Varroy et plus tard par M. l'ingénieur Bauer sous ses ordres, furent terminés dès le commencement de 1870. Cette ligne était un véritable modèle, au point de vue de la construction faite dans des conditions modestes et appropriées au peu d'importance du trafic, ainsi qu'au point de vue de la rapidité de l'exécution, de la diminution qui en était résultée dans les frais généraux, et de la sagesse de la gestion de la Compagnie.

A peine les quatre premières lignes étaient-elles déclarées d'utilité publique, que déjà les polémiques les plus vives s'engageaient au sujet de leurs prolongements. Autant M. Varroy avait prodigué ses démarches et son activité pour faire entreprendre le réseau, autant il mit d'ardeur à lutter contre des tendances de nature à compromettre la situation du département. Il réussit à faire comprendre qu'il importait, avant tout, d'élever et de consolider l'édifice dont les premières assises venaient seulement d'être posées; qu'il fallait se garder de devancer le développement progressif et naturel de la vicinalité ferrée ; qu'il convenait de laisser aux intérêts le temps de se manifester, de se réunir et de se grouper autour des nouvelles voies de communication ; qu'il était indispensable pour le département de rentrer en possession d'une partie de ses ressources, avant de contracter de nouveaux engagements.

Depuis 1866, le rôle et l'influence de M. Varroy n'avaient cessé de grandir; l'inspecteur général de la circonscription et le directeur du contrôle de l'exploitation du réseau de l'Est avaient, vers la fin de 1869, insisté près de l'administration pour qu'elle le mît à la tête du service des chemins de fer d'intérêt local, afin de lui laisser la liberté d'allures dont il avait besoin, et de lui donner une situation en rapport avec l'action prépondérante qu'il avait eue et qu'il devait conserver. Le conseil général et le préfet désiraient vivement cette mesure, qu'ils considéraient comme un acte de stricte justice et de bonne administration ; ils craignaient aussi que l'application à M. Varroy des règles ordinaires de l'avancement l'enlevassent à un département, où ils jugeaient son maintien indispensable et où il s'était fait aimer et estimer de tous par son talent, son aménité, son caractère conciliant.

Cédant aux sollicitations et aux instances du préfet et des chefs hiérarchiques de M. Varroy, le Ministre l'autorisa à prendre la direction des chemins de fer d'intérêt local, à partir du 1er avril 1870.

Le chemin d'Avricourt à Cirey était sur le point d'être livré à l'exploitation ; les trois autres lignes étaient en pleine construction et l'on pouvait fixer à la fin de 1871, au plus tard, l'époque de leur achèvement ; les populations, encouragées par l'heureuse issue de leurs premiers efforts, se préoccupaient du développement normal du réseau ; tout faisait prévoir que le département, sagement administré, grevé d'un nombre de centimes extraordinaires bien inférieur au maximum fixé par la loi et à la moyenne générale de la Franee, enrichi par un progrès industriel presque sans précédent, ne tarderait pas à se trouver en mesure de pourvoir à cette extension de ses voies perfectionnées de communication.

Tous ces beaux projets, nés de la paix et du progrès de la richesse publique, furent subitement ruinés par les désastres de la patrie.

Peu de jours, en effet, après le commencent des hostilités avec l'Allemagne, le département de la Meurthe et la ville de Nancy étaient envahis par l'ennemi victorieux.

Durant cette guerre néfaste, M. Varroy ne resta pas inactif. Après avoir organisé des chantiers sur une branche du chemin de Nancy à Vézelise, afin de fournir du travail aux ouvriers nécessiteux, il se rendit à Bordeaux et fut attaché à l'état-major général de la deuxième armée, pour y remplir les fonctions d'ingénieur en chef du génie civil et y surveiller spécialement les travaux de réparation exécutés par les Compagnies de chemins de fer.

Mais bientôt il dut résigner ces fonctions, par suite de son élection à l'Assemblée nationale. Le département de la Meurthe l'avait acclamé comme l'un des plus dignes de concourir à l'œuvre de réparation et de libération que nous imposaient nos malheurs et nos revers.

Il allait être conduit à se mouvoir dans une sphère plus large ; il allait avoir à participer à des études et à des débats étrangers aux questions qu'il avait traitées jusqu'alors plus spécialement. Mais sa haute intelligence et son aptitude exceptionnelle, pour tout ce qui touchait à l'économie politique et aux finances publiques, lui permettaient d'entrer avec confiance dans la nouvelle carrière qui lui était ouverte.

Ses premières préoccupations au Parlement furent, par la force des choses, exclusivement politiques.

Le 16 février 1871, il demanda qu'un hommage fût rendu à la place de Toul, qui avait su retenir l'ennemi sous ses murs ; à celle de Phalsbourg, qui, détruite aux deux tiers, n'avait cédé qu'à la faim ; et à celle de Bitche, sur laquelle flottait encore le drapeau aux trois couleurs nationales.

Le 17 février, il signa, avec les représentants de l'Alsace-Lorraine, une proposition tendant à affirmer la volonté immuable des départements placés sous le coup de l'annexion, de rester français.

A la suite de la ratification des préliminaires de paix, les députés du Bas-Rhin, du Haut-Rhin et de la Moselle avaient donné leur démission. M. Varroy, qui représentait un département partiellement annexé à l'Allemagne, crut également devoir se démettre de son mandat le 3 mars. Il fit, à cette occasion, au nom de M. Brice et au sien, une déclaration tout empreinte du plus profond désespoir et de la plus ardente passion pour son pays ; il protesta contre le pacte qui arrachait à leur patrie une partie des populations de la Meurthe; il témoigna de l'éternel attachement de ces populations pour la France, de leur reconnaissance pour les efforts de ceux qui les avaient défendues jusqu'à la dernière heure, et de leur foi dans l'avenir.

Il se préparait à partir pour Bruxelles et à s'adjoindre à la commission officieuse formée dans cette ville par les représentants des départements annexés, pour défendre les intérêts de leurs malheureux commettants arrachés à la nationalité française, lorsqu'éclata l'insurrection communaliste de Paris. En présence des dangers qui menaçaient la République et la France, il considéra comme un devoir de retirer sa démission le 19 mars.

Ces premiers incidents passés, M. Varroy dut songer aux intérêts matériels de son département et de la région du Nord-Est. Les communications de cette région étaient absolument bouleversées. Le réseau des chemins de fer départementaux était brutalement brisé ; les communications de Nancy avec le Luxembourg et la Belgique, par la ligne de Metz à Thionville, étaient à la merci de la Prusse ; la ligne de voies navigables de premier ordre, qui reliait les bassins de la Meuse, de la Moselle et de la Meurthe à ceux de la Saône et du Rhône, était rompue. D'autre part, les ressources financières du pays semblaient épuisées par l'avidité du vainqueur impitoyable. Dans ces cruelles conjonctures, M. Varroy ne se laissa pas aller au découragement ; il pensa que, loin de céder à un sentiment d'impuissance et de parcimonie, il fallait imiter les Américains du Nord, qui, après la guerre de sécession, écrasés par une dette énorme, avaient dès 1865, c'est-à-dire dès la fin des hostilités, imprimé une activité féconde à leurs travaux publics, perfectionné leurs moyens de production et relevé ainsi rapidement leur crédit et leurs finances.

Le développement du réseau des voies de communication lui paraissait surtout commandé dans nos provinces de l'Est, où l'industrie était appelée à prendre un essor pour ainsi dire indéfini, grâce à leurs richesses en fer et en sel gemme, à leur génie d'entreprise, à leur amour du progrès dans le domaine agricole comme dans le domaine industriel, au mouvement d'émigration qui allait y amener nos compatriotes d'Alsace-Lorraine, à la nécessité d'y reconstituer les belles usines situées par-delà la nouvelle frontière. Les régions si malheureusement éprouvées par l'invasion avaient droit, suivant lui, à toute la sollicitude des pouvoirs publics, et le meilleur dédommagement à leur attribuer était, à ses yeux, celui qui leur permettrait de se relever par le travail.

Un ingénieur en chet éminent, M. Frécot, confiant dans la vitalité et la laborieuse économie de la France, proposait de rétablir sur le versant occidental des Vosges la voie navigable que nous venions de perdre. M. Varroy se fit le défenseur chaleureux et convaincu de cette proposition. Le 15 avril 1871, il interpella M. de Larcy, Ministre des travaux publics, tant en son nom que comme organe de plusieurs de ses collègues, afin de provoquer de sa part des engagements à cet égard. Le Ministre, qui avait sagement résisté à certaines suggestions tendant à substituer la jonction de la Marne à la Saône à la création de la voie navigable demandée pour relier la Moselle à la Saône, reconnut que cette substitution ne répondait pas au but; il déclara donc à la tribune que le Gouvernement jugeait indispensable de donner satisfaction au vœu dont M. Varroy s'était fait l'interprète et annonça que l'administration venait de prescrire les études nécessaires : telle fut l'origine du grand canal de l'Est, qui immortalisera le nom de M. Frécot et celui de M. Varroy dans notre cher pays de l'Est.

Peu de temps après, M. Varroy publiait une brochure dans laquelle il exposait ses vues sur les chemins de fer dont il importait de doter le département de Meurthe-et-Moselle. Au début de cette brochure, il présentait des considérations remarquables sur la rapidité avec laquelle s'amortissait la dépense de construction des chemins de fer, même pour les lignes secondaires, si on savait les établir à bon marché, c'est-à-dire dans des con-

5

ditions de pentes et de courbes, qui, tout en étant compatibles avec des trafics réduits et de faibles vitesses, supprimassent les grands terrassements et la plupart des grands ouvrages d'art. Il montrait avec lucidité que l'utilité d'un chemin de fer ne résidait pas seulement dans sa recette nette; qu'à côté de ce que l'on voyait, il y avait ce que l'on ne voyait pas; qu'au bénéfice de la compagnie concessionnaire il fallait ajouter le bénéfice réalisé par le public. L'application de la méthode rationnelle de M. l'inspecteur général Dupuit, économiste des plus distingués, le portait à évaluer l'utilité totale des chemins de fer français au moins au double de la recette kilométrique brute. Après avoir rappelé que la Compagnie de l'Est sollicitait la concession des lignes d'Arnaville à Conflans et Longuyon, d'Épinal à Neufchâteau par Mirecourt, de Saint-Loup à Ronchamp par Luxeuil, et de Belfort à Porrentruy, il faisait ressortir la nécessité de relier Pont-à-Mousson à Thiaucourt, Toul à Colombey, Vézelise à Mirecourt, Lunéville à Gerbéviller, et d'établir à Nancy un chemin de ceinture dont il avait dressé antérieurement l'avant-projet. Cette dernière ligne était destinée à créer à l'est de la ville, le long du canal de la Marne au Rhin, des terrains particulièrement appropriés à l'installation d'usines recevant leurs matières premières par la voie navigable et expédiant leurs produits manufacturés par la voie ferrée. Thiaucourt devait être desservi, soit directement, soit au moyen d'un embranchement, par la ligne d'Arnaville à Longuyon. Les trois lignes de Toul à Colombey, de Vézelise à Mirecourt, de Lunéville à Gerbéviller et le chemin de ceinture de Nancy semblaient devoir se rattacher au réseau départemental; leur longueur était de 55 kilomètres et leur évaluation, de 6 660 000 fr., non compris 9 kilomètres estimés à 1 340 000 fr., dans les Vosges. M. Varroy complétait sa publication par l'étude des voies et moyens.

Vers la même époque, M. Varroy était élu membre du conseil général, puis président de cette assemblée. Il puisait dans ce double témoignage de confiance une autorité nouvelle, pour défendre et faire prévaloir ses idées.

Le patriotique appel de M. Varroy, pour la reconstitution du réseau d'intérêt local de Meurthe-et-Moselle, fut entendu; un an après, en septembre

1872, le conseil général classait les trois lignes de Vézelise vers Mirecourt, de Toul à Colombey et de Lunéville à Gerbéviller, ayant ensemble une longueur de 50 kilomètres, et les concédait, la première à une société locale intimement liée à celle du chemin de Nancy à Vézelise et les deux autres à M. Parent-Pecher, banquier à Tournai (Belgique). Les décrets déclaratifs d'utilité publique étaient rendus le 8 août 1873 et le 5 mars 1874. Le département livrait les terrains nécessaires à l'assiette de ces lignes, faisait les modifications et les déviations de chemins ainsi que les chemins latéraux, et donnait des subventions s'élevant au total à un million et demi environ, dont 714 000 fr. versés par l'État.

D'un autre côté, la Compagnie de l'Est, à laquelle le traité de paix avait fait perdre 840 kilomètres de chemins de fer, négociait avec l'État les termes d'une convention réglant l'indemnité à laquelle elle avait droit et lui attribuant la concession d'un certain nombre de voies nouvelles nécessitées par le remaniement de notre frontière. Grâce aux efforts persistants et convaincus de M. Varroy, la commission de l'Assemblée, appelée à examiner cette convention, ajoutait aux concessions proposées par le Gouvernement celles d'un embranchement reliant Thiaucourt à la ligne d'Arnaville à Longwy et du chemin de ceinture de Nancy, quittant la ligne de Paris à Avricourt, à Champigneules, pour la rejoindre à Jarville; la ville de Nancy fournissait les terrains pour ce dernier chemin, moyennant une subvention de 200 000 fr. de la Compagnie. La loi ratifiant le contrat fut votée le 17 juin 1873, après une longue discussion à laquelle M. Varroy prit part, comme membre de la Commission, pour combattre des amendements dont l'effet eût été de tout remettre en question.

Pendant que se préparait la solution des questions relatives aux communications par voie de fer, M. Varroy continuait à seconder M. l'ingénieur en chef Frécot et à l'aider de son autorité et de sa légitime influence, pour faire aboutir les projets relatifs au rétablissement des voies navigables interceptées par la nouvelle frontière. A la fin de 1871, il publiait une note traitant spécialement des voies et moyens auxquels il y avait lieu de recourir pour réaliser cette œuvre nationale; les conseils généraux des départements intéressés, faisant pour la première fois application des dispositions de la loi du 10 août 1871, qui les autorisait à s'entendre pour traiter de leurs intérêts communs, constituaient une commission interdépartementale pour élaborer la combinaison financière qu'avaient esquissée MM. Frécot et Varroy.

Dès le 1er août 1872, l'Assemblée nationale déclarait d'utilité publique les travaux de canalisation de la Moselle entre Toul et Pont-Saint-Vincent, dont l'urgence se justifiait par les richesses minérales des coteaux situés sur la rive droite de la vallée. Le département de Meurthe-et-Moselle avançait à l'État la somme de 2 100 000 fr. à laquelle était évaluée la dépense; il en était remboursé en dix années, avec les intérêts à 4 %; l'écart entre les charges réelles de l'emprunt et le taux de 4 % était couvert par le produit d'un péage de 0 fr. 015 par tonne et par kilomètre, portant exclusivement sur les minerais, la houille, le coke et les métaux, et, en cas d'insuffisance de ce produit, par la garantie de deux grands industriels, MM. Dupont et Dreyfus. C'était la première amorce du canal de l'Est.

Le 24 mars 1874, une nouvelle loi prononçait la déclaration d'utilité publique de la canalisation de la Meuse à partir de la frontière belge, de son raccordement avec le canal de la Marne au Rhin près de Troussey, de l'amélioration de ce canal dans la partie empruntée par la nouvelle voie navigable, et de sa jonction avec la Moselle et la Saône. Le syndicat des cinq départements des Ardennes, de la Meuse, de Meurthe-et-Moselle, des Vosges et de la Haute-Saône avançait au Trésor la somme de 65 millions de francs jugée nécessaire pour l'exécution des travaux ; il devait en être remboursé avec les intérêts à 4 %, en vingt annuités à partir de 1882. L'écart entre le taux réel des emprunts et le taux de 4 % était couvert par le produit d'un péage de 0 fr. 005 par tonne et par kilomètre et par 500 parts de garantie, correspondant chacune à un kilomètre du canal et à une somme annuelle de 2 300 fr. au maximum. C'était un sacrifice considérable, sacrifice d'autant plus lourd que la région qui y souscrivait avait été plus éprouvée par les funestes événements de 1870-1871 ; que les villes et les communes de l'Est étaient chargées de dettes ; que les industriels et commerçants avaient été gravement frappés et atteints dans leur situation. Mais, comme le dit si bien M. Viansson, ancien secrétaire du syndicat, dans son histoire du Canal de l'Est, « lorsque les sentiments généreux entraînent un « peuple, il ne sait s'arrêter. Les derniers batail- « lons allemands quittaient à peine les rives de la « Meuse et de la Moselle, où leur occupation s'était « fait sentir si lourdement jusqu'au dernier jour; « les places publiques étaient encombrées par les « convois des émigrants, qui fuyaient leur sol « natal et abandonnaient tout pour vivre et mourir « français; les femmes venaient de se dépouiller « de leurs bijoux, pour payer la rançon de la « France; l'heure était aux sacrifices, aux élans « généreux, on ne comptait plus, on ne calculait « plus. A peine avait-on fait valoir le côté patrio- « tique de ce projet, son caractère d'œuvre « nationale, à peine avait-on laissé entrevoir que, « dans une certaine mesure, il pouvait contribuer « à la défense de notre sol, à la réparation de nos « pertes, que, de tous côtés, on avait demandé « comme une faveur d'y participer, on avait « revendiqué comme un honneur d'associer son « nom à celui des hommes qui avaient foi en la « France et en son invincible courage. » Suivant la belle expression de M. Krantz, qui rendit tant de services à la cause du canal, soit comme membre de l'Assemblée nationale et rapporteur du projet de loi, soit comme membre de la commission interdépartementale, on avait demandé 500 parts de dévouement et il en avait été immédiatement souscrit 2 000. C'était un spectacle consolant que de voir les intelligentes populations de l'Est, animées de ce souffle patriotique, conserver après de si cruels désastres une foi inaltérable dans les destinées et l'avenir du pays, garder au fond de leur cœur l'espoir le plus complet dans la revanche du droit et de la justice. L'honneur de cette éclosion de sentiments généreux revient pour une large part à MM. Frécot et Varroy, véritables apôtres inspirant à tous leur ardeur et leur confiance communicatives.

Aussitôt après le vote de la loi, M. Varroy prit la présidence du syndicat appelé à remplacer la commission interdépartementale dont les travaux avaient été conduits par le glorieux général Chanzy. Il conserva ces fonctions jusqu'en 1880, époque à laquelle son entrée au ministère le força à les résigner ; il eut, en cette qualité, à conduire, de concert avec ses collègues, les négociations relatives aux emprunts ; son activité et son habileté ne se démentirent pas un instant.

Malgré tous ses labeurs, il jouait un rôle militant dans un grand nombre de commissions de l'Assemblée. C'est ainsi qu'il était membre de la Commission de réorganisation de l'armée et de celle qui avait été instituée pour procéder à une grande enquête sur la situation des voies de communication. Il présentait des propositions pour la translation des facultés de Strasbourg à Nancy, pour l'amélioration de l'institut des sourds et muets de cette ville. Il prenait la parole dans les discussions relatives à diverses lois importantes ; il prononçait notamment un savant discours à propos de l'impôt sur le sel ; il demandait, pour des motifs faciles à comprendre, que le personnel des chemins de fer, dans un rayon de 100 kilomètres près de la frontière, fût agréé par l'administration ; il sollicitait l'ouverture des cadres d'officiers de réserve aux conducteurs des ponts et chaussées.

Au point de vue politique, il n'avait cessé de siéger à la gauche et d'affirmer ses convictions républicaines, soit par ses votes, soit par une intervention personnelle dans les débats, particulièrement à l'occasion de l'institution du septennat.

Le 12 février 1875, un grand malheur vint le frapper. Mme Varroy lui fut enlevée presque subitement par une congestion pulmonaire. Ce fut pour lui comme un effondrement. Il voyait disparaître tout à coup, dans toute la force de la jeunesse, la compagne bien-aimée pour laquelle il avait un véritable culte, qui était l'âme et la flamme de son foyer, qui avait partagé ses joies et ses tristesses, qui l'avait soutenu et encouragé pendant les jours de deuil comme pendant les jours heureux. Jamais il ne se consola de cet événement; il fut, dès ce moment, frappé au cœur et atteint des germes de la maladie qui devait l'emporter plus tard.

Il s'adonna, plus encore que par le passé, au travail qui seul pouvait, sinon lui faire oublier, du moins atténuer son chagrin.

Parmi ses principaux actes en 1875, nous avons à noter un rapport sur un projet de loi présenté par M. Caillaux pour réglementer les chemins de fer routiers à traction de locomotives; dans ce rapport, il s'attachait à défendre la loi féconde de

1865 sur les chemins de fer d'intérêt local, qu'il ne voulait pas voir restreindre au rôle modeste de chemins sur route; il protestait de nouveau contre la généralisation de la voie étroite, dont il invoquait les dangers au point de vue stratégique; il rappelait que le rôle de l'administration supérieure devait être plutôt inverse et consister à réagir contre la variété des types.

Nous avons aussi à signaler sa proposition d'étendre aux carrières et aux établissements commerciaux de toute nature le bénéfice de l'article 62 du cahier des charges type des chemins de fer, concernant les embranchements industriels destinés à desservir les mines et les usines.

Le 30 janvier 1876, à la suite du vote de la Constitution, il fut élu sénateur du département de Meurthe-et-Moselle. L'éclat de son passé, son esprit supérieur, son exquise bonté, l'aménité de son caractère, le charme de sa parole éloquente et familière tout à la fois, lui avaient par avance conquis toutes les sympathies et tous les suffrages.

Sa situation grandit encore au Sénat. Sa science d'ingénieur et d'économiste, son expérience d'homme d'affaires consommé, ses brillantes facultés d'orateur, son étonnante puissance de travail, lui donnaient une influence prépondérante dans un grand nombre de questions.

A trois reprises, il fut rapporteur du budget, en 1878, 1879 et 1881. L'un de ces rapports fut rédigé dans des circonstances particulières qui lui font le plus grand honneur : la Commission était absolument divisée; aucun de ses membres ne voulait assumer la lourde tâche de rapporteur, et cependant il importait de se hâter pour éviter de recourir au fâcheux expédient des douzièmes provisoires; M. Varroy, qui s'était effacé avec sa modestie ordinaire, fut finalement désigné après deux tours de scrutin; il consacra à son travail huit jours et huit nuits consécutifs, et put ainsi éviter à son pays des embarras et une véritable crise.

Ses trois rapports et les discours qu'il eut à prononcer pour en défendre les conclusions sont des monuments de science financière, portant le cachet d'une prudente sagesse et d'une connaissance approfondie des besoins et des ressources de la France, et fournissant la démonstration du principe « La bonne politique fait de bonnes finances ».

Son souci constant était de maintenir une large dotation pour l'amortissement de la dette, d'affecter une part des plus-values de recettes à l'augmentation de cette dotation, et de se réserver ainsi un gage assuré pour les emprunts destinés à faire face aux dépenses de travaux publics. Il défendait aussi avec vigueur la règle qui consistait à asseoir les prévisions de recettes sur les produits de l'avant-dernière année, de manière à éviter les mécomptes et les désillusions. Il était opposé aux dégrèvements prématurés ; j'ai conservé le souvenir très précis des inquiétudes que lui inspira, lors de son premier ministère, la réduction, excessive à ses yeux, de l'impôt sur les sucres et les vins.

En 1877, il fut choisi, avec M. Reynaud, inspecteur général des ponts et chaussées, et M. de Maisonneuve, inspecteur général des finances, pour procéder par voie d'arbitrage à l'évaluation des indemnités de rachat des réseaux secondaires (Charentes, Vendée, Bressuire à Poitiers, Saint-Nazaire au Croisic, Orléans à Châlons, Clermont à Tulle, Orléans à Rouen, Poitiers à Saumur, Maine-et-Loire et Nantes, chemins Nantais). Cette estimation, qui portait sur une somme de plus de

300 millions, était particulièrement délicate ; elle soulevait les questions les plus difficiles, particulièrement en ce qui touchait les entreprises générales, les frais de constitution des sociétés, les charges à imputer au compte de premier établissement pour intérêt des capitaux pendant la période de construction. M. Varroy y déploya ses qualités habituelles de justice, d'équité, d'indépendance et de haute impartialité.

Lors du vote de la loi de rachat, il dut intervenir dans les débats et prononça un discours dans lequel, sans sortir de la réserve que lui imposait son ancienne situation d'arbitre, il exposa et justifia d'une manière éclatante les principes et la règle de conduite qui avaient présidé aux opérations d'arbitrage.

Quelques jours plus tard, il eut à présenter le rapport de la commission du Sénat, à laquelle avait été renvoyé le projet de loi portant création de la dette amortissable, et se montra partisan convaincu du nouveau titre, qui emportait avec lui l'obligation d'amortir et qui faisait légitimement porter aux générations futures le poids de la constitution d'un outillage de nature à augmenter leur richesse et leur prospérité. Dans le cours de la discussion, il répondit longuement à M. Buffet et affirma de nouveau ses convictions sur la nécessité de développer notre réseau de chemins de fer et de « cultiver le champ pour le rendre productif ».

En 1879, le Sénat était saisi du grand programme de travaux publics de M. de Freycinet. M. Varroy, après une étude approfondie de ce programme, s'y rallia complètement et le défendit habilement le 11 juillet, dans un discours qui lui valut les applaudissements de toute l'Assemblée et qui est l'une de ses œuvres les plus remarquables, aussi bien au fond que dans la forme. Sa tâche était d'autant plus difficile qu'il se trouvait en contradiction avec un collègue dont la compétence était hautement reconnue et pour lequel les populations de l'Est avaient l'attachement et la reconnaissance les plus sincères : nous voulons parler de M. Krantz. Il fit un exposé lumineux, au sujet de la détermination du degré d'utilité des chemins de fer, qu'il évaluait au triple de la recette brute ; il justifia ainsi l'instinct du pays, qui réclamait à grands cris l'extension du réseau, et l'initiative prise par le Ministre des travaux publics, son ami et son camarade de l'École polytechnique. Il mit en relief l'accroissement de trafic que les lignes nouvelles apportaient aux lignes préexistantes; il montra l'Allemagne nous devançant dans la carrière et augmentant, non seulement sa puissance stratégique, mais encore sa puissance industrielle et commerciale; il traita des voies et moyens avec une grande hauteur de vues; il renouvela l'expression de ses vœux au sujet de l'accroissement de la dotation affectée à l'amortissement; il recommanda de bien proportionner les chemins du troisième réseau à leur trafic réduit, d'admettre des déclivités plus accusées et des courbes plus prononcées, de n'exécuter que des ouvrages modestes et économiques, de chercher à épouser les formes du terrain et à ne négliger aucun élément de transport, dût-il en résulter des allongements de parcours, d'apporter dans tous les détails la préoccupation constante d'une stricte économie. Il exprima sa foi dans l'habileté et l'honnêteté du personnel de l'État. Enfin il insista sur l'utilité demettre, partout où cela serait possible, les voies ferrées en rapport avec les voies navigables.

Ce discours contribua largement à entraîner le

vote d'une majorité imposante en faveur du programme.

Dans le courant de la même année, les efforts de M. Varroy recevaient une nouvelle récompense. Les chemins de Nancy à Château-Salins et de Nancy à Vézelise et Mirecourt avaient fait l'objet d'une disposition de la convention du 31 décembre 1875, prévoyant leur incorporation définitive dans le réseau d'intérêt général de la Compagnie de l'Est, qui les exploitait déjà en vertu de traités avec les compagnies concessionnaires. Le conseil général de Meurthe-et-Moselle, justement ému de cette disposition sur laquelle il n'avait été ni consulté, ni même pressenti, avait refusé de souscrire à l'abandon pur et simple de lignes qu'il avait créées à grands frais et à ses risques et périls, à une époque où les conséquences de la guerre pesaient encore sur lui de tout leur poids. A la suite de laborieuses négociations, il obtint qu'à titre de compensation l'État classât et exécutât trois chemins de 60 kilomètres de longueur, ceux de Baccarat à Badonviller, Pompey à Nomeny et Colombey à Frenelle-la-Grande, moyennant livraison des terrains par le département.

Dans les derniers jours de 1879, M. de Freycinet était appelé à la présidence du conseil. Son ami, M. Varroy, était désigné pour faire partie du cabinet et fut en effet chargé du portefeuille des travaux publics. Il apporta à l'accomplissement de la haute mission qui lui était confiée, une ardeur au travail, une compétence, un soin consciencieux dont ses collaborateurs immédiats furent les témoins de chaque jour; il examinait, avec une attention et un soin également scrupuleux, les affaires qui mettaient en jeu l'intérêt public et celles qui touchaient à des intérêts particuliers; soucieux des droits privés comme de ceux de l'État, il ne prenait jamais aucune décision sans en avoir jugé personnellement les éléments et la valeur; souvent l'aube le voyait encore assis à sa table de travail. Il sut imprimer une activité, une méthode et un ordre parfaits à l'organisation des chantiers et à la mise en train de l'exécution du programme de M. de Freycinet.

Son acte principal durant ce premier ministère fut la conclusion, avec la Compagnie d'Orléans, d'une convention dont le but était de racheter la partie de la concession de cette Compagnie située à l'Ouest de la ligne de Paris à Bordeaux, pour l'incorporer au réseau d'État et donner à ce réseau l'homogénéité nécessaire. L'indemnité de rachat était représentée par un titre de rente inaliénable de 17 100 000 fr., que la Compagnie devait restituer en fin de concession. La convention déterminait les règles de partage du trafic entre les réseaux d'Orléans et de l'État. Elle tranchait en outre diverses questions secondaires. Malheureusement les esprits n'étaient pas préparés à cette proposition, qui souleva de sérieuses difficultés au sein de la commission de la Chambre des députés et fut retirée par M. Sadi Carnot, successeur de M. Varroy.

Il présenta aussi deux projets de loi relatifs à l'exécution : 1° du canal de Dombasle à Saint-Dié, destiné à desservir les nombreux établissements industriels (faïenceries, cristallerie, filatures, etc.), échelonnés le long de la Meurthe, ainsi que les magnifiques gisements de trapp de Raon-l'Étape et les belles forêts des Vosges ; 2° du canal de la Chiers, destiné à porter aux forges et hauts-fourneaux du groupe de Longwy le combustible minéral de Belgique, et à y prendre les fontes et au besoin les minerais particulièrement riches de cette région.

Ces deux voies navigables avaient été classées en 1879 dans le réseau secondaire. L'une et l'autre devaient se faire, grâce à une combinaison analogue à celle qui avait été suivie pour le canal de l'Est, mais cependant légèrement différente.

Pour le canal de Dombasle à Saint-Dié, la dépense était évaluée à 20 millions. Les principales villes intéressées fournissaient une subvention de 510 000 fr. Les usagers avaient à acquitter un péage composé d'une somme constante de 0 fr. 30 par tonne et d'une somme variable réglée à raison de 0 fr. 005 par tonne kilométrique. Ce péage devait prendre fin vingt ans après l'ouverture du canal sur toute sa longueur. Les industriels intéressés étaient autorisés à s'en libérer, pour un tonnage et une distance déterminés, moyennant une subvention égale au capital dont le péage aurait constitué l'annuité d'amortissement au taux de 4 1/2 0/0. Les départements de Meurthe-et-Moselle et des Vosges garantissaient un produit annuel de 140 000 fr. pour ce péage. M. Varroy, président de la commission interdépartementale chargée d'élaborer cette combinaison, avait, de concert avec M. Jules Ferry dans les Vosges, puissamment contribué à la faire aboutir.

Quant au canal de la Chiers, la dépense était évaluée à 27 milions. Un péage composé, par tonne, d'une constante de 0 fr. 40 et d'un élément variable de 0 fr. 007 par kilomètre était établi au profit du Trésor, pour prendre fin vingt-huit ans au plus après la mise en exploitation du canal sur toute sa longueur. Divers industriels s'engageaient à garantir, pour le produit de ce péage, un minimum annuel de 300 000 fr., correspondant au versement immédiat d'un capital de 5 millions. Cette garantie était divisée en 305 parts.

Les deux projets de loi furent ultérieurement votés.

M. Varroy eut, pendant son premier passage aux affaires, à prendre part à diverses discussions. Ses principaux discours sont celui du 26 février 1880, dans lequel, répondant à une interpellation sur l'accident de Clichy-Levallois, il fit un exposé de l'organisation du contrôle des Compagnies; celui du 18 mai 1880 sur le canal de Tancarville, qu'il jugeait indispensable pour mettre le port du Havre à même de soutenir la concurrence du port d'Anvers ; enfin celui qu'il prononça à propos de la discussion du budget devant la Chambre des députés et dans lequel il témoigna de ses sympathies pour la cause des associations ouvrières et de la participation des ouvriers aux bénéfices.

Le 23 septembre 1880, M. de Freycinet quittait le pouvoir et cédait la présidence du conseil à M. Jules Ferry ; malgré les instances faites pour le retenir, M. Varroy crut devoir suivre dans la retraite l'homme d'État dont il avait partagé les honneurs et les soucis. Il fut remplacé par son digne sous-secrétaire d'État, M. Sadi Carnot.

A la chute du ministère Gambetta, le 30 janvier 1882, M. de Freycinet fut appelé de nouveau à la présidence du conseil; M. Varroy, à qui il avait été un instant question de confier le portefeuille des finances, reprit définitivement celui des travaux publics. Il entrait dans le programme du cabinet de décharger les finances de l'État, en attribuant à l'industrie privée l'exécution d'une partie du réseau de chemin de fer. M. Varroy dut, en conséquence, engager des négociations avec les grandes Compagnies ; ces négociations portaient, non seulement sur la construction et l'exploitation des nouvelles lignes, mais encore sur les améliorations à apporter au régime des réseaux antérieurement concédés.

Le 22 mai 1882, il soumit à la Chambre des députés une convention qu'il avait conclue avec la Compagnie d'Orléans et à la préparation de laquelle j'ai pris trop de part pour en parler avec impartialité. Je me borne à dire que les traits essentiels de cette convention étaient les suivants :

Concession à la Compagnie d'un petit nombre de lignes, en échange de chemins qu'elle rétrocédait à l'État en vue du remaniement des réseaux voisins et notamment de celui de l'État ;

Affermage à la Compagnie, jusqu'au 31 décembre 1899, de 320 kilomètres de chemins et exploitation de ces chemins dans des conditions qui laissaient au Ministre une autorité directe sur les tarifs, suivant la plupart des directions ;

Subvention de 160 millions environ de cette Société pour les travaux, sous la réserve qu'à la fin du bail, s'il n'était pas renouvelé, le Trésor aurait à faire face aux charges des obligations ;

Abaissement immédiat de 7 %, en moyenne,

sur les taxes des voyageurs autres que ceux des trains rapides;

Engagement de réaliser ultérieurement des réductions égales à celles que l'État consentirait sur son impôt de grande vitesse;

Généralisation des billets d'aller et retour;

Adoption d'un nouveau tarif général commun et intérieur, élaboré précédemment par le comité consultatif des chemins de fer;

Remaniement des tarifs spéciaux, dans le sens des vœux exprimés par la commission d'enquête du Sénat, c'est-à-dire suppression des anomalies qui s'y étaient introduites progressivement et que rien ne justifiait; engagement de procéder à ce remaniement, de manière à abaisser la moyenne des tarifs;

Augmentation de la part de l'État dans les bénéfices;

Suspension du droit de rachat pendant la durée du bail d'affermage.

Ces bases, appliquées aux diverses Compagnies de chemins de fer, devaient avoir pour effet de mettre à leur compte un milliard de travaux et de faire bénéficier le public de réductions de taxes correspondant à une somme de plus de cinquante millions par an.

La commission de la Chambre jugea que la suspension du droit de rachat était un avantage excessif concédé à la Compagnie d'Orléans et conclut au rejet de la proposition du Gouvernement, qui fut retirée ultérieurement.

Signalons encore l'intervention de M. Varroy dans diverses discussions et particulièrement dans celles que provoquèrent, devant le Sénat, le projet de loi relatif au canal de l'Escaut à la Meuse, et devant la Chambre, la proposition de M. Delattre, concernant les rapports entre les Compagnies et leurs agents.

Le 7 août 1882, le cabinet présidé par M. de Freycinet se retirait à la suite d'un vote de la Chambre. Malgré les ouvertures pressantes qui lui avaient été faites, M. Varroy, fidèle à ses sentiments d'affection pour l'ancien président du conseil et gravement atteint déjà par la maladie, refusait péremptoirement de rester aux affaires. Il se retira à Nancy et de là à la Camerelle.

Depuis 1871, il avait constamment appartenu au conseil général de Meurthe-et-Moselle, qu'il avait longtemps présidé, et y avait rendu des services qui lui avaient valu l'estime et la sympathie de tous ses collègues, à quelque fraction politique qu'ils appartinssent.

Il avait porté son attention et son action sur tous les rouages de l'administration départementale et spécialement sur le développement de l'instruction. Pour vulgariser les connaissances géographiques, il avait prêté son concours le plus complet à la constitution de la Société de géographie de Nancy.

Les chagrins que lui avaient causés les désastres de 1870, puis la mort de Mme Varroy, et ses labeurs incessants avaient profondément miné sa santé et triomphé de la vigueur de son tempérament.

Frappé d'une première crise avant son départ de Paris, il en eut de nouvelles à Nancy et à la Camerelle; malgré les soins affectueux de sa sœur dévouée, Mme Grobert, il succomba le 23 mars 1883 au mal qui l'étreignait. Sa dernière pensée avait encore été pour le pays qu'il avait si vivement aimé et si passionnément servi.

Telle a été la vie, hélas trop courte, de l'homme

de bien que pleurent tous ceux qui l'ont connu.

D'une simplicité exemplaire, d'une modestie à toute épreuve, fuyant les honneurs au lieu de les rechercher, toujours prêt à les quitter sans aucun regret et sans aucune arrière-pensée, ne les acceptant que comme l'accomplissement d'un devoir, sans cesse bienveillant pour les plus humbles, personnifiant l'honneur et le patriotisme dans tout ce que ces sentiments peuvent avoir de plus noble et de plus élevé, doué des plus grands talents, il charmait et attirait à lui quiconque l'approchait. Sa parole abondante, facile et claire; son intelligence vive et puissante; la sincérité de ses opinions politiques; l'exquise justice, qui était le trait principal de son caractère; son libéralisme convaincu; la sérénité de son cœur, toujours ouvert aux amitiés et fermé aux animosités, tout en lui séduisait et commandait l'estime et le respect.

Il a rendu au pays des services éminents; il a doté la région de l'Est de voies de communication auxquelles son nom restera attaché.

Il est d'ailleurs mort à la peine, comme un soldat sur le champ de bataille.

Le cri unanime qui s'est échappé de toutes les

lèvres, à la nouvelle de sa mort prématurée, a été que la France venait de faire une grande perte : c'est le meilleur jugement qu'il soit possible de formuler sur une existence si bien remplie.

Sa mémoire vénérée restera ineffaçable dans le cœur de ses amis. Puissent ceux qui lui succèdent dans la carrière, le prendre toujours pour modèle et suivre le sillon lumineux qu'il laisse derrière lui.

Mai 1883.

Paris. — Imprimerie Tolmer et Cie. — Succursale à Poitiers. — 609.

www.ingramcontent.com/pod-product-compliance
Ingram Content Group UK Ltd.
Pitfield, Milton Keynes, MK11 3LW, UK
UKHW021142230726
13926UKWH00002B/894

9 782016 143308